深雪艺术之花

超实用
烫花入门教程
——手作染色布花基础

蔡志楠 著

河南科学技术出版社

· 郑州 ·

深雪艺术之花简介

深雪艺术之花,也称"深雪 ART FLOWER"或者"MIYUKI ART FLOWER",是日本著名手工烫花艺术机构,创始理念为"不循规蹈矩,将艺术贯彻到造花之中"。创始人饭田深雪女士,于日本昭和二十年(1945年)11月开始研究手工烫花技法,并于日本昭和二十三年(1948年)4月开始在家中开办研习班,讲习授课,进而成立了"深雪 ART FLOWER"(深雪艺术之花),她也成为深雪艺术之花的第一代掌门人。

※ 图为深雪艺术之花东京本部

随后,深雪艺术之花的兴趣课程和各种美丽的花艺作品慢慢在日本流传开来,并且不断培养出造花艺术能人巧匠。他们致力于把饭田深雪的手工烫花技艺推广到日本各地,让无数对花艺感兴趣的人能够学习并分享自己的快乐。到现在为止,深雪艺术之花已经传承了三代,第三代掌门人为饭田惠秀。

※ 部分国内学员申请的证书

深雪艺术之花凭着对手工烫花技艺的精通,制定了初级证书、中级证书、专修证书和师范证书等手工烫花技艺评价制度,并且在日本国内推行,后因其证书规范和审阅严谨,成为手工烫花艺术领域资质和能力的证明,在国际艺术领域也得到了高度认同。

目前,深雪艺术之花本部设在日本东京,在日本国内的分校有北海道教室、名古屋教室、大阪教室、仙台教室、九州教室等,同时在北京、上海、广州、杭州成立分教室。深雪艺术之花于2015年11月进入中国大陆后,在2015年亚洲拼布节首次参展亮相,并于2015年12月中旬在上海开始授课,走出了深雪艺术之花传入中国的第一步。

序言

蔡志楠

- 赴日学花五年，师从深雪艺术之花第三代掌门人饭田惠秀老师。
- 2015年将深雪艺术之花引入中国大陆，辅导学生数百人，学生遍布全国。被《漫友文化》《上海壹周》《行报》《杭州都市周报》以及杭州电台《爱杭州》栏目等多家媒体报道。
- 在杭州成立自己的工作室，辅导更多人学习造花。

花开时，人们往往感叹它们的温暖治愈，叹一句："哇，好美啊！"

而花落时，美丽的容颜不再，人们内心又开始感慨它们的无声离开。

创作这本书的初衷，是想与大家分享烫花的乐趣，让更多的人了解深雪艺术之花这门艺术，制作出属于自己的"不凋谢花园"。

我从2013年开始学习深雪艺术之花，自此与花结缘。

2015年在第三代传承人饭田惠秀老师的指导下，继续进修师范讲师课程，学到了很多制作技巧，十分感激！

正是有了惠秀老师耐心的指导，我才有机会创作这本书。

这本书从裁剪布料、调色、花蕊的制作和叶子、花瓣各个部分的组合等各方面都做了详细的制作说明。

书中有些花朵的制作虽然使用了同样的纸型，但在颜色和烫制手法上做些改变，就可以制作出不同感觉的花，运用在不同的场合。

只要掌握了基本的技巧，熟练之后，就可以做出自己心中的花朵。

不管是制作头饰、胸花还是发梳、耳环，是缝制在衣服上还是装饰家里的某个角落，

都会得心应手，这也是艺术之花的魅力所在吧！

谢谢你能阅读到这里，

期待着和你一起在深雪艺术之花的道路上同行。

目录
CONTENTS

◆ **材料、工具介绍** *p.6*
◆ **第一部分 花朵篇** *p.9*

Matariels & Tools
材料、工具介绍

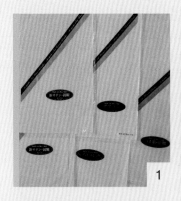

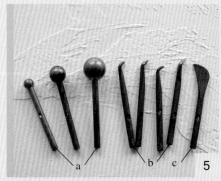

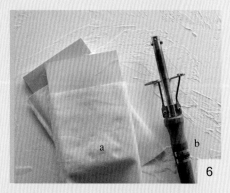

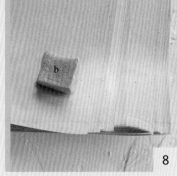

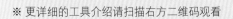

※ 更详细的工具介绍请扫描右方二维码观看

1 **布料:** 在制作花朵时经常会用到的面料,从薄到厚依次为: 薄绢、编绢府绸、新缎中糊、新缎固糊等。在同样的布料中, 一般中糊的较固糊的软一点。稍软一点的中糊布料一般可用来制作花朵, 稍硬一点的固糊布料一般用来制作叶子。同样的花朵使用不同的布料制作, 会呈现出不同的质感。可根据花朵表现的质感和柔软程度来选择面料。布料都经过特殊处理, 可以直接裁剪使用, 无须上浆。

2 **裁剪纸型:** 纸型按照箭头所指的方向放在布边 (如图所示), 用夹子固定, 沿着纸型边缘裁剪。根据布料的厚度, 可以2层、4层、6层、8层一起裁剪, 既快速又省力。

3 **裁剪工具**(从左至右)染色时使用的镊子,剪铁丝的剪刀,剪布料的剪刀,为花瓣穿孔时使用的锥子。

4 **胶:** (从左至右) 软胶, 硬胶。 硬胶比软胶晾干的速度快一些。

5 **镘:** 烫花时使用的烫镘——球镘(a),制作花瓣圆圆的轮廓时经常会用到。(b.从左至右)一筋镘、二筋镘、小瓣镘、中瓣镘,制作花瓣细致变化时会使用到。刀镘 (c) , 制作叶子时, 可以在布料上烫出清晰的叶脉。 (本书中使用的是饭田深雪的镘)

6 **烫垫、烫花器柄:** (a)烫花时结合烫镘使用的软海绵和硬海绵。软海绵可以烫出花瓣的弧度, 硬海绵可以烫出花瓣清晰的纹路。 (b)烫花器的加热手柄,将前端的螺钉拧松可以更换各种各样的镘。烫花器要随开随用, 使用后立刻关闭, 注意用电安全。

7 **染料:** (a)染色时会用到的牙膏状染料。我经常使用的是由饭田深雪公司研发的14色牙膏状染料, 方便、易清洁。颜色有红、粉红、牡丹红、紫红、紫、黄、柠檬黄、绿、翠湖蓝、土耳其蓝、蓝、咖啡、灰黑、橘、白、金和银等色。 (b)染色时使用的笔。有18号、15号、6号及勾线笔。笔刷的毛质偏硬, 可以在布料上画出清晰的花瓣纹路。

8 **染色用新闻纸和吸水海绵:** (a)染色用新闻纸, 染色的时候, 把花瓣放在上面, 可以染出很自然的过渡色, 纸也可以吸收掉多余的水。 (b)吸水海绵, 染色时在调色盘里加水时使用的海绵, 既干净又便捷, 可重复利用。

9 **铁丝:** 铁丝根据软硬度由软到硬依次为38号、35号、32号、30号、28号、26号、21号、18号。可根据制作花朵时需要的柔软度来选择铁丝的型号, 白色的铁丝可以染色。

Matariels & Tools

Flowers

第一部分
花朵篇

午后的黄玫瑰

亮丽的黄玫瑰色调柔和，
仔细看一下，
黄色中透出温柔的橘色色调，
这就是手工的魅力吧，
可以随心所欲地染出自己心仪的颜色。

制作步骤

材料

大花瓣：编绢府绸 6 片或 7 片
小花瓣：编绢府绸 6 片或 7 片
花托：新缎中糊 1 片
叶子：新缎斜茎布中糊约 15cm
薄绢茎布少许
2mm 胶管约 5cm 长
棉花少许
铁丝：26 号、28 号

纸型见 p.96

用五分镘烫大花瓣的中心，再用小瓣镘烫边缘

用五分镘烫小花瓣的中心

用小瓣镘烫花托的反面

用刀镘烫出叶脉纹路

1

柠檬黄色加水调成浅黄色，作为渗透液涂在花瓣上。

2

黄色加柠檬黄色调成深黄色，平涂在花瓣上。

3

黄色加少许粉色，染在花瓣的底部约 1/2 处。花瓣染好后晾干备用。

4

柠檬黄色加绿色和水调成浅绿色，作为渗透液平涂在叶子上。

5

用绿色调浓涂满整片叶子。晾干备用。

6

柠檬黄色加绿色调成浅绿色，染在花托上，再染一层深绿色。晾干备用。

7

柠檬黄色加绿色和水调成淡淡的浅绿色，平涂在薄绢茎布上。

8

绿色加水调均匀，平涂在薄绢茎布上。

9

将 26 号铁丝对折，卷上少许棉花。

※ 本书材料中如未特别注明，均指的是单个（枝）的用量。

把棉花卷成椭圆形，备用。

把花托放在软海绵上，用小瓣镘烫花托的反面。

将玫瑰花瓣放在软海绵上，用五分镘烫花瓣的中心。

将大花瓣翻过来，用小瓣镘烫大花瓣的边缘。

小花瓣左右各1片，包住棉花。

左右各2片小花瓣，依次包住上一层花瓣。

小花瓣包六七片后加入大花瓣。

用两三片大花瓣围成一圈。

花瓣分别错开贴。大花瓣用六七片即可。

将步骤8中的薄绢茎布均匀剪成4条，包住2mm胶管。

将胶管固定在花朵下面，穿入花托，涂胶固定。

把叶子放在硬海绵上，用刀镘烫叶子的正面，烫出叶脉的纹路。

叶子反面贴上28号铁丝。

大叶子在上面，2片小叶子一左一右，再用薄绢茎布固定在一起。

将叶子插入胶管中，调整角度后完成。

迷你黄色蔷薇

盛夏时，黄色蔷薇攀爬在篱笆上，
大大小小的花朵开得满满的。
尝试把脑海中的美景制作出来，
让它装饰房间里的每一个角落。

制作步骤

纸型见 p.94

材料

花瓣：府绸 8 片

叶子：新缎斜茎布固糊约 10cm

花蕊：砂糖玫瑰花蕊 1/2 束

花托：新缎中糊 5 片

薄绢茎布少许

铁丝：30 号、28 号

用中瓣镘烫正、反面

柠檬黄色加水调成淡的渗透液，平涂在花瓣上。

黄色加少许紫红色调均匀，染在花瓣边缘，之后用镊子夹起来，晾在干净的纸上。

花蕊染成黄色备用。

柠檬黄色加少许绿色调成渗透液，染在薄绢茎布上。

用略深的绿色在薄绢茎布上再染一遍。

柠檬黄色加少许绿色调成渗透液，浸湿新缎斜茎布固糊。

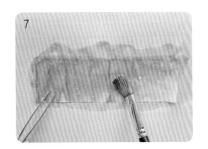

在整片斜茎布固糊上用深绿色再涂一遍。

花蕊约 8 根，对折后剪半，粘在 30 号铁丝上。

用新缎斜茎布固糊剪出叶子的形状。

10

叶子放在硬海绵上，用刀镊烫出叶脉的纹路。

11

在叶子反面贴上 28 号铁丝，3 片叶子如图组合，用薄绢茎布固定在一起。

12

从晾干的花瓣中选 2 片，如图所示从中间剪开，制作花朵里面的小碎花瓣。

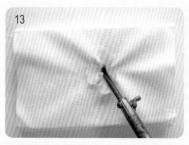

13

将花瓣放在软海绵上，用中瓣镊将小碎花瓣烫出卷曲状。

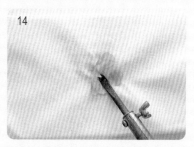

14

再烫大花瓣的正面。

15

将花瓣翻过来，用中瓣镊烫花瓣的边缘，做出花瓣的形状。

16

在花瓣中间打孔，穿入花蕊。在花瓣中心涂上胶水，固定在花蕊四周。

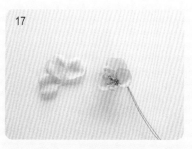

17

将大花瓣剪开，每层两三片，继续制作几层。

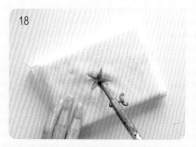

18

制作花托，用一筋镊烫花托（同 p.11 黄玫瑰中花托的制作方法）的反面。

19

在花托中间打孔，涂上胶水，粘贴在花朵下面。

20

将叶子、花苞、花朵依次组合，用薄绢茎布固定在一起。

21

添加适量花朵缠绕至所需长度。花朵制作完成，在花朵反面固定胸针或者发夹，完成。

17

美丽的郁金香

说起郁金香,
总能想到它令人惊叹的颜色变化。
制作时也考虑了很久,
染什么颜色好呢?
干脆就把想要的颜色都做一遍吧!
巴掌大小的花朵,各种各样的颜色,
也太可爱了吧!

制作步骤

材料

花瓣表布：新缎中糊 6 片
花瓣里布：薄绢 6 片
叶子：新缎中糊 1 片
茎：新缎斜茎布中糊约 8cm
花蕊：百合花蕊 6 根

胸针 1 个
铁丝：28 号（白色）、28 号、24 号
2mm 胶管少许

纸型见 p.95

用一筋镘烫反面　　用一筋镘烫正面

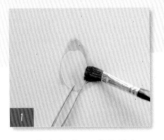

柠檬黄色加水调成浅黄色，作为渗透液涂在花瓣上。

柠檬黄色加黄色调均匀，染在花瓣的上半部分。

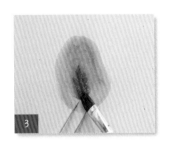

黄色加紫红色调和后，均匀染在花瓣的下半部分，如图所示。染好后放在干净的纸上晾干。

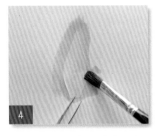

柠檬黄色加绿色调成浅绿色，作为渗透液涂在叶子上。

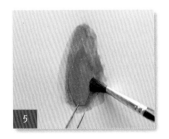

调出深绿色，涂满整片叶子。

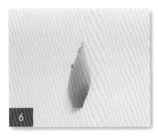

叶子的下半部分涂点蓝色，作为重点色。

用黄色染百合花蕊的蕊头部分。

将 28 号白色铁丝染成花瓣的颜色。

染好色的花瓣晾干以后，将铁丝贴在花瓣中间。

在花瓣的反面点涂胶水。

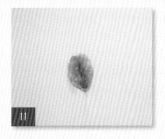

11 花瓣表布和里布两片贴合在一起。

12 将百合花蕊剪掉1/2，贴在24号铁丝上。

13 花蕊贴合完成。

14 在染好色的叶子反面贴上28号铁丝。

15 新缎斜茎布横向剪成4条，包在2mm胶管上。

16 枝干主体部分完成。

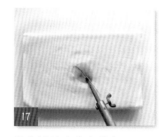

17 将花瓣放在软海绵上，用一筋镘烫花瓣的反面。

18 倾斜着烫出花瓣的纹路。

19 将叶子放在硬海绵上，用一筋镘烫正面，烫出叶脉的纹路。

20 花蕊、花瓣、叶子完成。

21 在花瓣底部涂抹上胶水。

22 将花蕊如图所示放在花瓣下部约1/2处。

23 用3片花瓣围成一圈。

24 另取3片花瓣错开贴。在2mm胶管上涂胶水，固定在花瓣下面。

25 叶子底部涂上胶水，将铁丝穿入胶管中，固定在枝干侧面。

26 在郁金香背后固定胸针，完成。

C L O V E R

晨光里的红三叶

这朵花的制作方法非常特别，花瓣是一片一片卷起来的，
乍一看像是一片片没有打开的花瓣，非常有趣！

制作步骤

材料

花瓣：木棉 5 片

小叶子：520 缎固糊 3 片

中叶子：520 缎固糊 2 片

大叶子：520 缎固糊 1 片

薄绢茎布少许

铁丝：26 号、28 号

纸型见 p.93

用一筋镘烫
花瓣的反面

用一筋镘烫
叶子的正面

柠檬黄色加水调成浅黄色，作为渗透液涂在花瓣上。

在花瓣边缘涂上紫色。

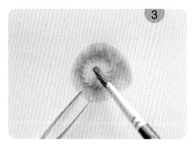

柠檬黄色加绿色调成浅绿色，涂在花瓣中心。

柠檬黄色加绿色和水调成浅绿色，作为渗透液平涂在叶子上。

将绿色调深后，平涂在叶子上。

用绿色的渗透液染薄绢茎布。

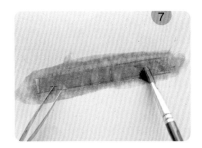

再用深绿色染一次薄绢茎布。

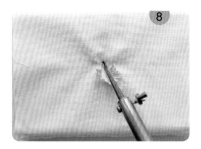

将花瓣放在软海绵上，用一筋镘烫花瓣的反面。

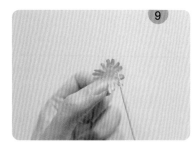

在花瓣根部涂胶。

用拇指和食指搓花瓣，搓成卷曲状。

在花朵中间打孔，穿入26号铁丝。

在花瓣中心涂上胶水，将花瓣向中心卷起来。

按步骤8～12，依次添加四五层花瓣。

花朵组合完成。

将28号铁丝平均剪成4段，分别贴在叶子反面，用勾线笔调一点白色染料。

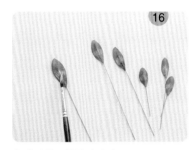

在叶子的正面涂上白斑。

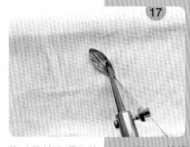

将叶子放在硬海绵上，用极小一筋镘烫叶子的正面，烫出叶脉的纹路。

将3片叶子如图所示组合在一起，中间放大叶子，两边放中叶子。

小叶子组合在花朵的侧面。

用薄绢茎布缠绕约4cm后加入步骤18做的一组叶子。组合完成。

粉色石竹花

秋之七草之一的石竹花，
无论是在花店还是在路边
都能经常看到。
我经常会制作些石竹花
点缀花束。

制作步骤

材料

花瓣：新缎固糊 5 片　　花苞：新缎固糊 2 片

叶子：新缎固糊 6 片　　花托：新缎固糊 2 片

茎：薄绢茎布约 20cm　　棉花少许

花蕊：极小素玉花蕊 1 根

铁丝：32 号（白色）、28 号、26 号

纸型见 p.93

1 	**2** 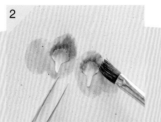	**3** 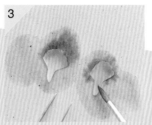	**4** 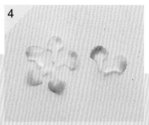
柠檬黄色加水调成浅黄色，作为渗透液涂在花瓣上。	粉色、紫红色加少许水调均匀，涂在花瓣上面的1/3处。	柠檬黄色加绿色，现加水调成浅绿色，染在花瓣的底部。	制作5片花瓣，2片花苞，染好色后备用。
5 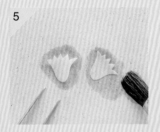	**6** 	**7** 	**8** 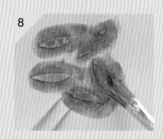
柠檬黄色加绿色再加水调成浅绿色，作为渗透液平涂在花托上。	绿色稍浓，涂整片花托，花托的顶端染一点花瓣的颜色，作为装饰色。	取绿色的渗透液，平涂在叶子上。	绿色调深，涂满整片叶子。
9 	**10** 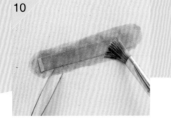	**11** 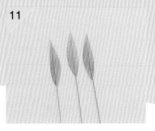	**12** 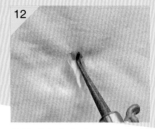
用绿色的渗透液染薄绢茎布。	绿色调深些，再染一遍薄绢茎布。	取1根28号铁丝平均分成3段，贴在叶子的反面。	花瓣放在软海绵上，用极小一筋镘一正一反交替烫花瓣的上半部分。

用极小一筋镘一正一反
交替烫花瓣表面

用极小一筋镘烫
花托反面

13

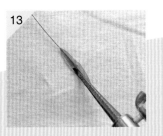

将叶子放在硬海绵上，用极
小一筋镘烫叶子的正面。

14

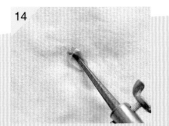

将花托放在软海绵上，用极
小一筋镘烫花托的反面。

15

将32号白色铁丝染成淡淡的
柠檬黄色，然后贴在花瓣的
反面。

16

取极小素玉花蕊1根，剪掉
蕊头，先对折，贴在26号铁
丝上，将5片花瓣围成一圈。

17

将26号铁丝卷上少许棉花，
再用2片花苞把棉花包起来。

18

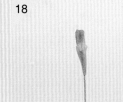

将花托包在花苞的下面。

19

在花朵下面也包上花托。

20

将花朵、花苞和叶子组合在
一起，一边组合一边加入新
的叶子。

21

完成。

洁白的葱兰花

纯洁、秀美的葱兰花朵
装饰在窗前，
早上拉开窗帘，
一天都是美好的心情。

制作步骤

材料

花瓣：府绸 2 片
花托：薄绢 2 片
2mm 胶管约 10cm 长
铁丝：24 号、26 号
花蕊：百合花蕊 6 根、
　　　32 号素玉花蕊 1 根

茎：新缎斜茎布中糊约 10cm
叶子：新缎斜茎布固糊约 13cm

纸型见 p.93

1

柠檬黄色加水调成浅黄色，作为渗透液涂在花瓣上。

2
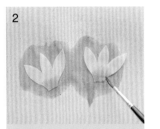
绿色加柠檬黄色调成浅绿色，染在花瓣的底部。

3

在花瓣的边缘染上淡淡的紫红色，若隐若现。

4

柠檬黄色加黄色调均匀，把百合花蕊染成黄色。

5

柠檬黄色加绿色调成淡淡的颜色，作为渗透液平涂在花托上。

6

将花托染上咖啡色，下面咖啡色略深。

7

将叶子用新缎斜茎布用浅的柠檬黄色加绿色平涂。

8
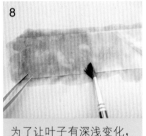
为了让叶子有深浅变化，蓝色可染一半。

9
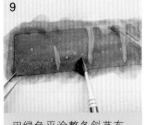
用绿色平涂整条斜茎布，蓝色部分可以略深。

10
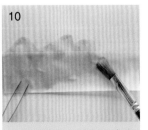
用柠檬黄色加绿色调成淡淡的浅绿色，再平涂一次。

11
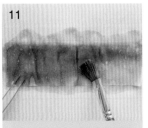
再用绿色平涂整条茎用新缎斜茎布。

12
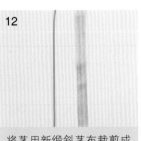
将茎用新缎斜茎布裁剪成宽度约 1.2cm，包在胶管的外面。

用一筋镘烫反面

13
花瓣反面贴上铁丝，底部
剪齐。

14
将百合花蕊剪去一半，和
素玉花蕊一起贴在 24 号
铁丝上。

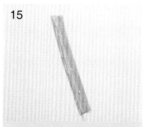

15
叶子斜茎布横向裁剪成 3
份，在 1/2 处贴上 26 号
铁丝，涂上胶水后对折贴
在一起。

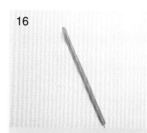

16
粘贴完成后，裁剪成宽度
约 0.6cm。

17
将花瓣放在软海绵上，用
一筋镘烫花瓣的反面。

18
将花托放在软海绵上，用
一筋镘烫花托的反面。

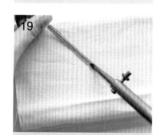

19
将叶子放在硬海绵上，用
一筋镘烫叶子的正面。

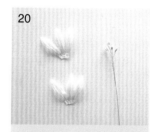

20
将花瓣贴在花蕊四周，第
2 片花瓣和第 1 片花瓣错
开贴。

21
花瓣组合好后，穿入胶管
固定，将花托贴在花瓣的
下面，左右各 1 片。

22
花蕊、花瓣、花托组合完成。

23
调整花朵和叶子的高度，
固定在一起。

▷ ▷ ▷

抚慰身心的洋甘菊

不管是看到新鲜的洋甘菊花朵，
还是手工制作的花朵，
我心里总是有莫名的欣喜。
我总尝试着各种各样新的做法。

35

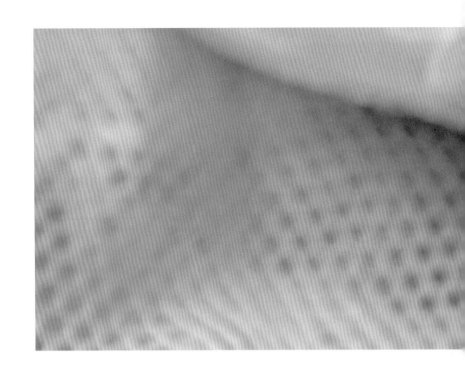

制作步骤

材料

花瓣：编绢 2 片
花蕊：毛巾布 3cm×3cm
花托：新缎固糊 3 片
薄绢茎布少许
铁丝：28 号
棉花少许

纸型见 p.93

1

柠檬黄色加水调成浅黄色，作为渗透液涂在花瓣上。

2

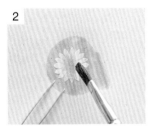

柠檬黄色加绿色再加水调成浅绿色，染在花瓣的中心。

3

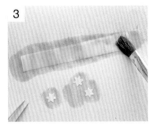

将渗透液染在花托和薄绢茎布上。

4

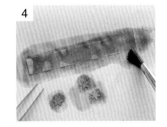

将绿色调深，染在花托和薄绢茎布上，染好后晾干。

5

将渗透液染在毛巾布上。

6

柠檬黄色加黄色调出浅黄色，给毛巾布染色。

7

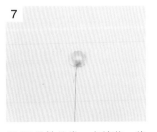

用 28 号铁丝卷一点棉花，将毛巾布按照 p.93 洋甘菊纸型剪出大小合适的圆形。

8

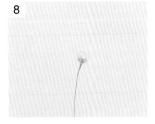

将圆形的毛巾布包在棉花上，备用。

9

将花瓣放在软海绵上，用一筋镘烫花瓣的反面。

10

将烫好的花瓣对半剪开，每半片包一个花蕊。

11

用花瓣把花蕊围成一圈。

12

将花蕊穿入涂好胶水的花托中。

13

穿入花托后，将薄绢茎布剪成两半，包两三厘米长的茎。

14

两朵花一高一低组合在一起，薄绢茎布缠绕约 1.5cm 后加入第 3 朵花。

15

完成。

盛开的大丽花

大丽花的品种真的是非常多。这是 11 月的
时候，我偶然看到的颜色，便做了出来。
给人的感觉像秋天，颜色饱和度不高，灰
灰的调子，令人心情很平静。

制作步骤

材料

大花瓣：新缎中糊 4 片　　　中花瓣：新缎中糊 4 片

小花瓣：新缎中糊 2 片　　　花托：新缎中糊 1 片

叶子：新缎固糊 2 片　　　　花蕊：玫瑰花蕊约 1/3 束

茎：新缎斜茎布中糊约 20cm　铁丝：32 号（白色）、26 号、

3mm 胶管少许　　　　　　　　　24 号、21 号

纸型见 p.95

用二筋镘烫花托的反面

用二筋镘烫小花瓣的反面

用二筋镘烫中、大花瓣的反面

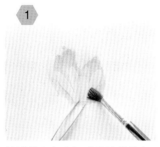

1 柠檬黄色加水调成淡淡的黄色，涂在小花瓣上。

2 黄色加柠檬黄色调均匀，涂满整个小花瓣。

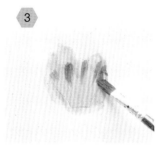

3 用粉色加少许紫红色调得浓些，染在小花瓣的顶端。

4 柠檬黄色加水调成淡淡的黄色，涂在中花瓣上。

5 黄色加柠檬黄色调均匀，涂满整个中花瓣。

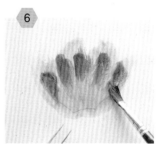

6 用粉色加少许紫红色调得浓些，染在中花瓣的上半部分。

7 柠檬黄色加水调成淡淡的黄色，涂在大花瓣上。

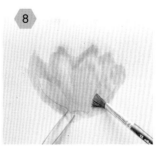

8 黄色加柠檬黄色调均匀，涂满整个大花瓣。

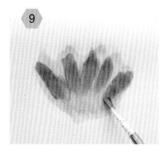

9 用粉色加少许紫红色调得浓些，从上往下染大花瓣，顶端颜色最浓。

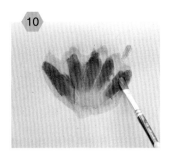
10

用紫红色作为装饰色，点缀在大花瓣的顶端。

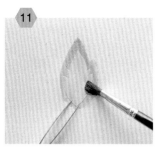
11

柠檬黄色加绿色再加水调成淡淡的浅绿色，平涂在叶子上。

12

再将绿色调浓，从叶子底部往上染。

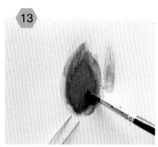
13

将花瓣的颜色作为装饰色，染在叶子的中间部分。

14

柠檬黄色加绿色再加水调成淡淡的浅绿色，平涂在花托上。

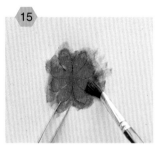
15

再将绿色调浓，平涂在花托上。

16

将花瓣的颜色作为装饰色，点缀在花托的边缘。

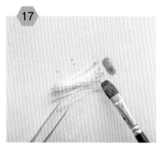
17

黄色加柠檬黄色调均匀，染在玫瑰花蕊的两端，将花瓣的颜色点缀在花蕊上。

18

将32号白色铁丝染成花瓣的颜色，备用。

19

柠檬黄色加绿色再加水调成淡淡的浅绿色，平涂在新缎斜茎布上。

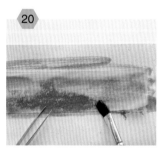
20

绿色加水调均匀，平涂在新缎斜茎布上。

21

大、中、小花瓣及叶子和花托，染好后晾干备用。

22

在32号铁丝上涂胶水，贴在中花瓣和大花瓣的反面。

23

铁丝与花瓣底部剪齐。

24

二筋镘加热，花托放在软海绵上，烫花托的反面。

25

小花瓣放在软海绵上，用二筋镘烫花瓣的反面，烫成卷曲状。

26 中花瓣放在软海绵上，用二筋镊烫花瓣的正面，轻轻地烫出纹路。

27 大花瓣放在软海绵上，用二筋镊烫花瓣的正面，顶端烫花瓣的反面。

28 取24号铁丝对折。

29 把玫瑰花蕊对折，粘在铁丝上。

30 刀镊加热，在硬海绵上烫叶子的正面，烫出叶脉的纹路。

31 叶子烫好后，在反面贴上26号铁丝。

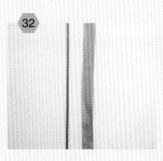

32 新缎斜茎布剪成三等份，分别包在3mm胶管外面。

33 花瓣烫好后，在中花瓣和大花瓣底部涂上胶水，再将花瓣左右对折贴起来。

34 在小花瓣底部涂胶水，然后将其贴在花蕊四周，围成两圈。

35 将中花瓣依次贴在小花瓣的外面。

36 中花瓣贴好后，调整花瓣的角度，继续贴剩下的大花瓣。

37 一边调整花瓣的角度一边继续贴余下的花瓣。

38 大、中、小花瓣组合完成。

39 将组合好的花朵穿入3mm胶管中。再穿入花托，在花托上涂上胶水，贴在花朵的底部。

40 在花托下方约10cm处，从底部胶管穿入21号铁丝，插入叶子固定。

41 完成。

半开的大丽花

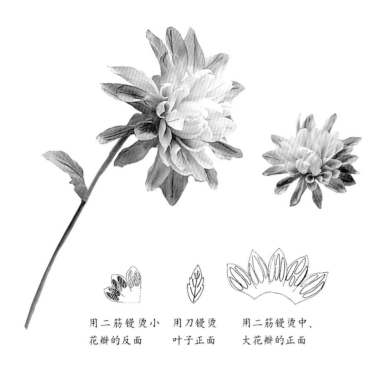

用二筋镘烫小
花瓣的反面

用刀镘烫
叶子正面

用二筋镘烫中、
大花瓣的正面

制作步骤

材料

小花瓣：新缎中糊 1 片

中花瓣：新缎中糊 4 片

大花瓣：新缎中糊 4 片

花托：新缎中糊 1 片

茎：新缎斜茎布中糊约 20cm

叶子：新缎固糊 2 片

铁丝：32 号（白色）、24 号、21 号

3mm 胶管约 20cm 长

棉花少许

纸型见 p.96

柠檬黄色加水调成淡淡的黄
色，涂在小花瓣上。

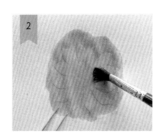

柠檬黄色加少许绿色调均
匀，涂满整个小花瓣。

柠檬黄色加水调成淡淡的黄
色，涂在中花瓣上。

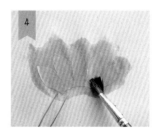

柠檬黄色加少许绿色调均
匀，涂满整个中花瓣。

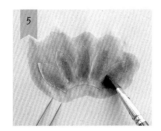

紫色加水调均匀，涂在中花
瓣的中间。

柠檬黄色加水调成淡淡的黄
色，涂在大花瓣上。

柠檬黄色加少许绿色调均
匀，从下往上涂在大花瓣的
下半部分。

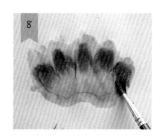

紫色加少许水，调得略浓一
些，从上往下涂在大花瓣的
上半部分。

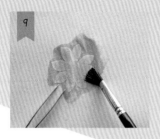

柠檬黄色加绿色再加水调成淡淡的浅绿色，平涂在花托上。

绿色调浓，平涂在花托上。

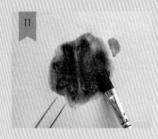

紫色作为装饰色，点缀在花托的边缘。

柠檬黄色加绿色再加水调成淡淡的浅绿色，平涂在新缎斜茎布上。

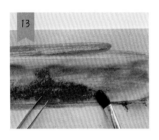

绿色加水调均匀，平涂在新缎斜茎布上。

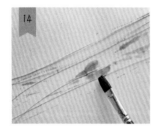

将32号白色铁丝染成淡紫色，备用。

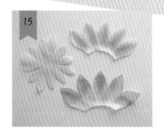

小花瓣、中花瓣、大花瓣的颜色对比。

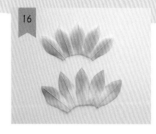

中花瓣和大花瓣反面贴上染色后的32号铁丝，在底部剪齐。

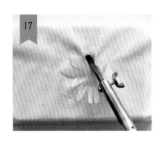

将小花瓣放在软海绵上，用二筋镘烫花瓣的反面。

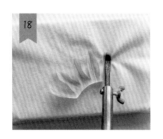

将中花瓣放在软海绵上，用二筋镘烫花瓣的正面。

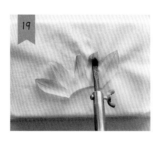

将大花瓣放在软海绵上，用二筋镘烫花瓣的正面，花瓣的顶端正反两面都烫。

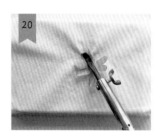

将花托放在软海绵上，用二筋镘烫花托的反面。

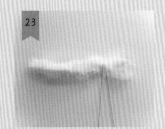

在中花瓣和大花瓣的底部涂抹胶水，左右对折如图所示贴起来。

中花瓣和大花瓣全部贴好备用。

取24号铁丝对折，涂胶，卷上少许棉花。

在小花瓣中间扎孔，穿入步骤23中的铁丝。

用花瓣一片一片把棉花包起来。

中花瓣底部涂胶，包在小花瓣外面，围成一圈。

中花瓣和大花瓣依次错开粘贴。

大、中、小花瓣组合完成。

将新缎斜茎布剪成3条，包在3mm胶管外面。

将组合好的花朵穿入3mm胶管中，穿入花托，涂胶固定。

在花托下方约10cm处固定叶子，叶子的制作方法可参考p.38"盛开的大丽花"中叶子的制作方法完成。

春天的二月兰

春天的时候，
在野外会看到它一片一片地盛开，
我总会蹲在路边仔细观察、拍照。
第一次见到这种花的时候不知道它的名字，
后来才知道它叫二月兰。

制作步骤

材料

花瓣：府绸 28 片

花托：新缎固糊 12 片

花蕊：毛巾布 10 cm × 1.2 cm

叶子：新缎固糊大、小各 2 片

茎：薄绢茎布约 30 cm

铁丝：32 号（白色）、28 号、26 号、24 号

棉花少许

纸型见 p.94

用小瓣镘烫花 用小瓣镘烫 用刀镘烫出
瓣的正、反面 花托反面   叶脉的纹路

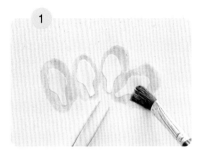

1
柠檬黄色加水调成淡黄色，作为渗透液涂在花瓣上。

2
紫红色加水调均匀，从花瓣的上部往下涂。

3
将紫红色作为重点色，涂在花瓣的中间。

4
柠檬黄色加绿色再加水调成淡淡的颜色，作为渗透液平涂在花托上。

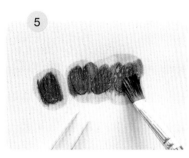

5
紫红色加少许绿色，调匀后涂抹整片花托。

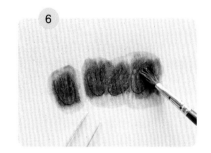

6
用绿色在花托的顶部再涂一次。

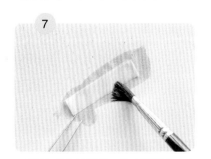

7
用绿色作为渗透液，涂在薄绢茎布上。

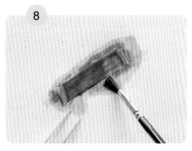

8
用浓的绿色在薄绢茎布上再涂一遍。

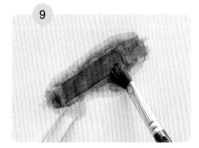

9
将紫红色作为重点装饰色，涂在薄绢茎布上。

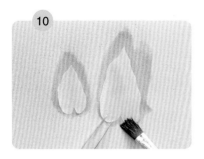

用绿色作为渗透液，浸湿整片叶子。

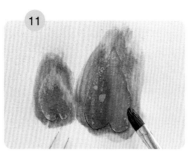

用浓绿色涂整片叶子，用蓝色涂叶子的下半部分，使整片叶子颜色有变化。

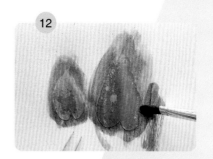

用紫红色作为装饰色，将其轻轻扫在叶子上。

用黄色作为渗透液，浸湿整片毛巾布。

黄色加柠檬黄色调均匀，再次涂满整片毛巾布。

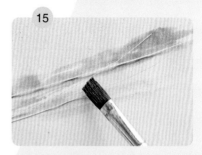

取 32 号白色铁丝，染成和花瓣一样的颜色。

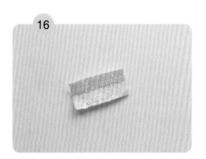

待步骤 14 中的毛巾布干透后，涂胶后对折，令其贴在一起。

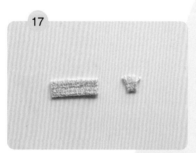

如图剪出宽度约 0.2cm 的牙口。4 个牙口为 1 组花蕊。

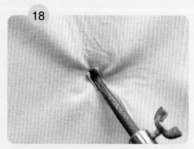

将做好的花蕊放在软海绵上，用小瓣镘烫中间。

在花瓣反面后各粘贴上 32 号铁丝。

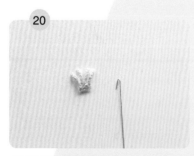

取 28 号铁丝，剪成等长的 4 段，一端折弯。

用铁丝折弯的一端勾住花蕊牙口，向内卷起来。

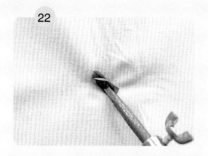

22

将步骤 6 中做好的花托放在软海绵上，用小瓣镊烫花托的反面。

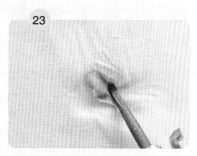

23

将步骤19中做好的花瓣放在软海绵上，用小瓣镊烫花瓣的正、反面，制作出花瓣的形态变化。

24

将做好的花瓣 4 片为 1 组，贴在步骤 21 中做好的花蕊的四周。

25

将步骤 22 中做好的花托粘贴在花朵的下面，围成一圈。

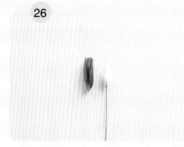

26

取 28 号铁丝，卷上少许棉花，使其呈细长状。

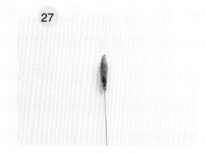

27

再将步骤 6 中做好的花托包在棉花上，制作出未开的花苞。

28

在做好的花朵、花苞下面卷少许薄绢茎布。

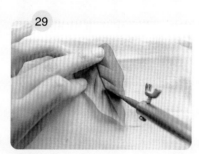

29

将步骤 12 中做好的叶子放在硬海绵上，用刀镊烫出叶脉的纹路。

30

再在叶子反面粘贴上 26 号铁丝。

31

取做好的 3 个花苞组合在一起，缠少许薄绢茎布固定。

32

一边组合，一边慢慢加入更多的花苞、花朵。

33

组合成两小枝后，再错落有致地组合在一起，组合时先放小叶子，再放大叶子。枝干加粗时用 26 号、24 号铁丝即可。

Ornament

第 二 部 分
花朵饰品篇

玫瑰花环、胸花

用玫瑰组合成的花环和胸花有着
不一样的风情，既适合佩戴，又
适合长期保存。

制作步骤

材料

主花玫瑰花瓣：府绸 24 片

主花花瓣：编绢府绸 3 片

小野菊花瓣：编绢府绸 3 片

配花玫瑰花瓣：府绸 3 片

配花玫瑰花托：新缎中糊 3 片

叶子：新缎固糊 2 片

布管：新缎斜茎布固糊约 12cm

花蕊：砂糖玫瑰花蕊约 12 根

铁丝：30 号（白色）、28 号

薄绢茎布少许

棉花少许

胸针：1 个

纸型见 p.94

用球镘烫花瓣中心　　用一筋镘烫叶子反面

柠檬黄色加绿色调成渗透液，平涂在叶子上。

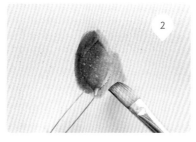

将绿色调浓，在叶子上再涂一遍。

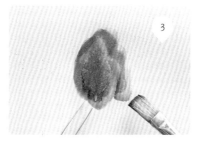

在叶子底部涂上蓝色作为重点色，之后放在干净的纸上晾干。

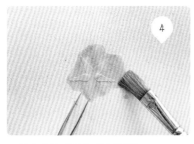

用绿色的渗透液把花托浸湿。

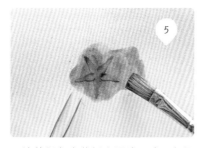

用浓的绿色在花托上再涂一遍，加深颜色。

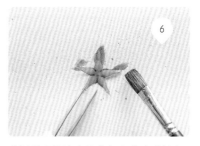

花托的边缘涂少许紫红色作为装饰色，涂好后放在干净的纸上晾干。

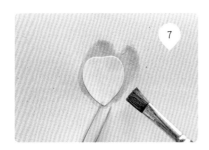

将 3 片主花玫瑰花瓣叠放在一起，用淡的柠檬黄色渗透液浸湿。

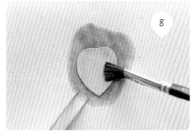

黄色加紫红色调均匀，涂满整片花瓣。

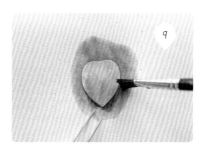

紫红色中加入黄色、绿色，颜色调得略深一些，涂在花瓣的底部。涂好后一片一片晾在干净的纸上。

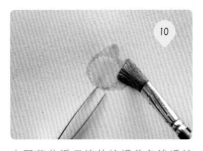

小野菊花瓣用淡的柠檬黄色渗透液浸湿。

用略浓的灰黑色涂满花瓣。

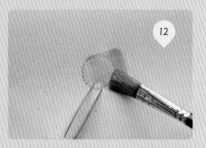

另一组小野菊花瓣用淡的柠檬黄色渗透液浸湿。

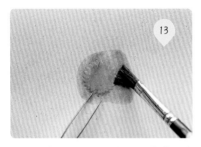

黄色加少许紫红色调均匀，涂满整片花瓣。

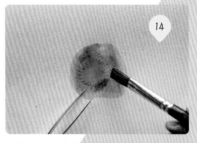

在花瓣边缘涂少许紫红色作为装饰色。

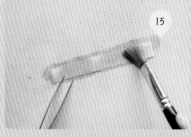

薄绢茎布用淡的柠檬黄色加绿色浸湿。

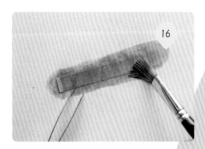

调出略浓的绿色，涂满整条薄绢茎布。

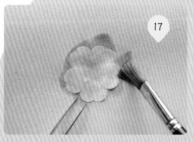

配花玫瑰花瓣用淡的柠檬黄色作为渗透液浸湿。

用紫红色加粉色和少许绿色涂满整片花瓣，之后放在干净的纸上晾干。

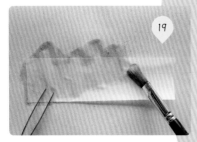

新缎斜茎布用淡绿色作为渗透液浸湿。

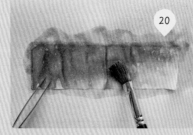

用浓绿色再涂一次。

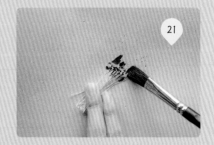

玫瑰花蕊涂上灰黑色。

22

步骤 3 中的叶子晾干后，取 28 号铁丝贴在叶子反面。

23

将叶子放在软海绵上，用一筋镘烫叶子的反面。

24

步骤 6 中晾干的花托放在软海绵上，用一筋镘烫花托的反面。

25

步骤 11 中染色后晾干的小野菊花瓣放在软海绵上，用一筋镘烫花瓣的反面。

26

在花瓣中心涂上胶水，取 2 根花蕊对折，贴在 28 号铁丝上，将铁丝穿过花瓣中心。把花瓣向中心均匀地捏起来，围着花蕊。

27

步骤 9 中晾干的主花玫瑰花瓣放在软海绵上，用 7 分球镘烫花瓣中心，做出圆弧状。

28

取 30 号白色铁丝贴在花瓣中心。

29

两片花瓣错开贴在一起。

30

共制作出 6 组。花蕊 3 根为 1 组贴合在一起。

31

将 3 组花瓣围在花蕊四周，涂抹胶水固定在一起。

32

另取 3 组花瓣错开贴。

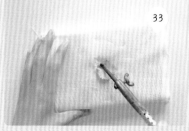

33

取步骤 14 中的小野菊花瓣放在软海绵上，用一筋镘烫花瓣反面。

34

取 2 根花蕊对折，贴在 30 号铁丝上，取步骤 33 中烫好的花瓣对半剪开，卷在花蕊外面。

35

薄绢茎布横向剪成 2 条，以 45° 角斜着包枝干，一边包一边涂胶水。

36

取步骤 18 中晾干的配花玫瑰花瓣放在软海绵上，用 5 分球镊依次烫花瓣的中心。

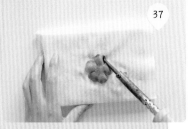

37

将花瓣翻面，用小瓣镊烫花瓣的边缘，制作出花朵的形态。

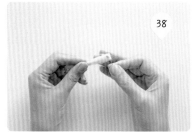

38

取 28 号铁丝裁剪成原长度的 1/3，卷上棉花，缠绕成水滴状。

39

将卷好棉花的铁丝穿过花瓣中心，再用花瓣一片一片包裹住棉花。

40

最后剪出几片单独的花瓣贴在四周。

41

穿入步骤 24 中做好的花托，涂上胶水将其固定在花朵底部。

42

花朵下枝干上包上剪至一半宽度的薄绢茎布。

43

将新缎斜茎布横向平均剪成 6 条。

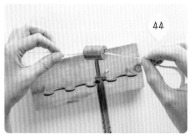

44

在分好的新缎斜茎布前面穿上细铁丝，穿过加热的布管的镊，做成布管备用。

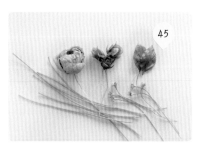

45

花朵、叶子和配花完成。

将做好的主花玫瑰放在中间,四周装饰上配花和叶子。

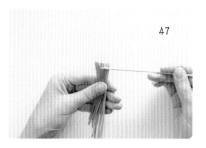

布管对折,涂上胶水围住花瓣的枝干部分。

背面固定上胸针。

胸花制作完成。

再准备5朵主花玫瑰、适量叶子和配花。

制作花环部分,取2片叶子用薄绢茎布固定在一起。

依次加上配花和主花,制作成合适的长度。

制作出两枝花朵藤蔓。

用铁丝把花朵藤蔓固定在花环上。

花环制作完成。

小野菊胸针

午后的阳光洒在窗帘上，
看到角落的几片花瓣，
心里暖洋洋的。
这些随手制作的小装饰，
简单又不失精致，
配上漂亮的盒子，
送给朋友，
期待着她惊喜的眼神。

制作步骤

材料

花瓣：编绢府绸 3 片

叶子：缎绒斜茎布 5 cm×5 cm

花蕊：砂糖玫瑰花蕊

茎：薄绢茎布

铁丝：28 号

胸针底座 1 个

纸型见 p.94

用一筋镘从边缘向中心烫　　　用一筋镘烫正面

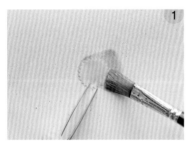

1

柠檬黄色加水调成浅柠檬黄色的渗透液，平涂在花瓣上。

2

黄色加少许紫红色调成浅咖啡色，再涂满整片花瓣。

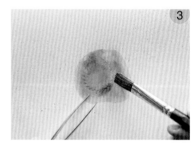

3

在花瓣边缘轻扫少许紫红色作为装饰色，晾干。

4

缎绒斜茎布用浅柠檬黄色渗透液浸湿。

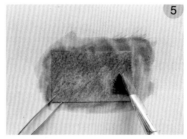

5

用较深的绿色涂满整块布，涂好后放在干净的纸上晾干。

6

薄绢茎布用浅柠檬黄色加绿色调成渗透液浸湿。

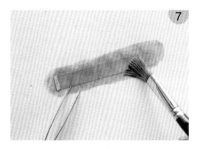

用略深的绿色再染一遍薄绢茎布,晾干。

待步骤5中的缎绒斜茎布晾干后,剪出叶子的形状。

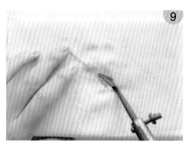

在叶子反面贴上28号铁丝,在硬海绵上用一筋镘烫叶子的正面。

在软海绵上用一筋镘从边缘往中心烫步骤3中做好的花瓣。

花瓣对半剪开,围着花蕊包一圈。

将薄绢茎布横向剪成2条,在枝干上缠绕约2cm长,固定1片叶子。

完成6朵花朵,调整好位置组合在一起。背面固定1个胸针底座。

迷你小玫瑰发梳

直径只有 1cm 的小玫瑰,
搭配上小叶子、满天星,
再刷上一点金色染料,
制作出一个可爱的迷你小玫瑰发梳。
夏天梳着丸子头,
将它随意地点缀在头上,
既阳光又有朝气。

制作步骤

材料

花朵表布：缎绒斜茎布 6 cm × 10 cm

花朵里布：薄绢茎布 6 cm × 10 cm

叶子：丝绒 5 cm × 5 cm

白色配花：府绸 10 片

丝带少许

素玉花蕊若干

发梳 1 个

铁丝：30 号

棉花少许

金色染料少许

纸型见 p.93

用极小圆镘烫反面

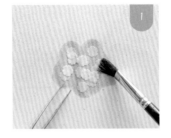

柠檬黄色加水调成浅黄色，作为渗透液涂在白色配花花瓣上，用镊子夹到干净的纸上晾干。

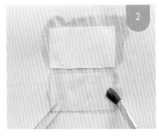

同样将渗透液涂在花朵表布和里布上。

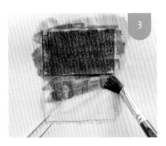

红色加紫红色再加少许灰黑色调成深红色，平涂在花朵表布和里布上，然后晾干。

柠檬黄色加绿色再加水调成浅绿色，作为渗透液涂在丝绒上。

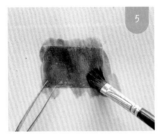

将绿色调浓，在丝绒上再涂一层。

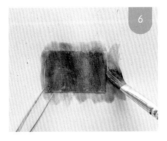

用紫红色作点缀，涂在丝绒上作为装饰色，然后晾干。

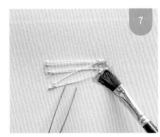

柠檬黄色加少许绿色调出淡淡的颜色，涂在素玉花蕊上。

待花朵表布和里布干了之后，2 片反面相对贴合在一起。

依照纸型剪出花瓣的形状。

待丝绒干了之后，剪出叶子的形状。

在叶子反面分别贴上 30 号铁丝。

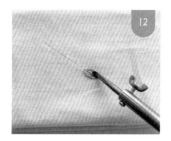
再把叶子放在硬海绵上，用一筋镊烫叶子的正面，烫出纹路。

把步骤9中做好的花朵放在软海绵上，用极小圆镊烫花朵的反面。

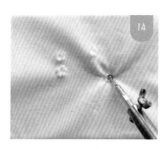
在烫白色配花花瓣的中心之前先用锥子在中心穿孔，再用极小圆镊烫花瓣的反面。

在正面烫花瓣中心。

取素玉花蕊从中间剪开。

每根素玉花蕊穿入2片白色配花，涂胶固定。

用30号铁丝卷上少许棉花，穿入步骤13中烫好的花朵。

用花瓣一片一片包住棉花。

再另外剪3片花瓣，包在花苞的外围。

花苞制作完成。

叶子、配花、迷你玫瑰依次按照顺序固定在一起。

终点处留约2cm的铁丝。

再在花朵上刷上金色染料。

用胶棒在发梳上固定一段丝带。

丝带上再用胶棒固定步骤24中做好的花束，花束余下的2cm铁丝向内折。

完成。

茶花胸针

茶花于冬春之际开花，
花瓣丰盈，端庄高雅。
做成装饰品无论点缀在哪里都很出彩。

制作步骤

材料

花瓣：缎绒斜茎布 5 片
叶子：木棉 2 片
茎：薄绢茎布约 10cm
花蕊：素玉花蕊 1/3 束

铁丝：30 号、26 号
胸针 1 个

纸型见 p.93

柠檬黄色加水调成浅黄色，作为渗透液涂在花瓣上。

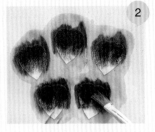

红色、黄色加少许灰黑色调均匀，从上到下涂在花瓣上。

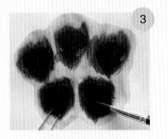

灰黑色加红色调得深一些，涂在花瓣的下半部分。染好后放在干净的纸上晾干。

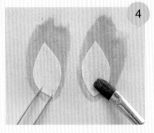

柠檬黄色加绿色调成淡淡的浅绿色，涂在叶子上。

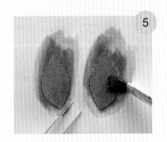

将绿色调浓，加少许水，再平涂在叶子上。

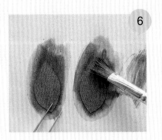

再取少许花瓣的颜色作为装饰色，涂在叶子上，晾干。

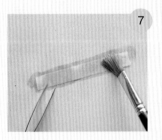

用浅绿色的渗透液，涂抹在薄绢茎布上，浸透。

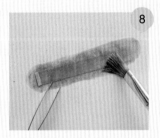

再用绿色在薄绢茎布上涂一遍，晾干。

用柠檬黄色加黄色涂在素玉花蕊上。

把步骤 3 中做好的花瓣晾干后放在软海绵上，用 7 分球镘烫花瓣的反面。

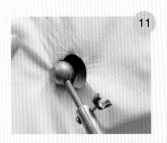

花瓣左右两边均从上至下地烫。

花瓣烫好后，在反面贴上已事先染成与花瓣同色的 30 号铁丝，花瓣底下预留约 2cm 铁丝后剪断。

用 7 分球镘烫反面

13

在步骤 6 中晾干的叶子的反面粘贴铁丝。

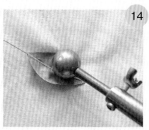
14

叶子放在软海绵上，用 7 分球镘烫叶子的反面。

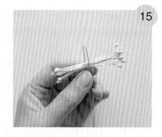
15

取 26 号铁丝剪成两半，对折，中间放步骤 9 中染好的素玉花蕊。

16

在花蕊中间涂抹胶水，对折后拧起来。

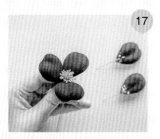
17

将步骤 12 中的花瓣底部涂抹胶水，围在花蕊四周。

18

花瓣贴好后，调整花瓣角度。

19

再将步骤 14 中的叶子在花瓣下面交错放好。

20

将步骤 8 中晾干的薄绢茎布横向剪成 2 条，缠绕在叶子下面的茎上，之后固定上胸针。完成。

花朵耳环

手作的小花朵耳环，搭配精致的妆容，
再涂上粉嘟嘟的腮红，既温柔又可爱，
不管是闺蜜小聚会，还是约会都适合。

Larghetto aus der zweiten Symph

制作步骤

材料

主花朵：新缎花瓣 1 片　　　　叶子：丝绒 4cm×4cm
花蕊：毛巾布 1cm×4cm　　　　小花朵：新缎固糊 6 片
素玉花蕊 3 根　　　　　　　　　茎：薄绢茎布 10cm
铁丝：28 号　　　　　　　　　　耳环配件 1 对

纸型见 p.94

1

柠檬黄色加水调成浅黄色，作为渗透液涂在主花朵上。

2

紫色加灰黑色调均匀，平涂在主花朵上。

3

取浅黄色渗透液涂在丝绒上。

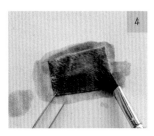

4

蓝色加紫色调均匀，再在丝绒上平涂一层。

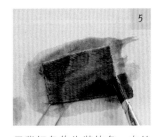

5

用紫红色作为装饰色，在丝绒上轻扫，晾干。

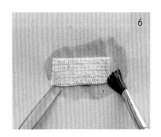

6

取浅黄色渗透液涂在毛巾布上。

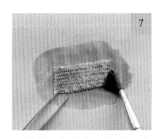

7

柠檬黄色加黄色调均匀，在毛巾布上再涂一层。

8

取浅黄色渗透液涂在六角星形状小花朵上。

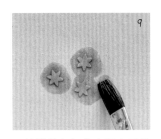

9

用柠檬黄色加黄色调匀后涂在小花朵上。

10

将素玉花蕊涂成蓝色。

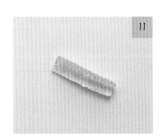

11

将步骤 7 中晾干的毛巾布裁剪成 1cm×4cm 大小，中间涂上胶水，纵向对折粘起来。

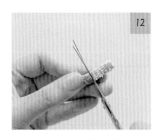

12

毛巾布粘好后，剪出约 0.2cm 宽的牙口。

用一筋镘烫反面　　　用一筋镘烫正面

用步骤 5 中晾干的蓝色丝绒布裁剪出叶子形状，反面贴上 28 号铁丝。

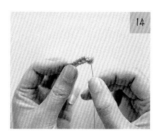

取 28 号铁丝，剪成 1/3 的长度，用步骤 12 中的毛巾布花蕊向内卷，约 2cm。

步骤 2 中晾干的主花朵放在软海绵上，用一筋镘烫花朵的反面。

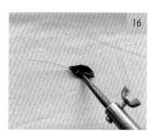

将步骤 13 中粘好铁丝的叶子放在硬海绵上，用一筋镘烫叶子的正面，烫出叶脉的纹路。

将花朵从中间剪开。

将剪开后一半的主花朵，贴在步骤 14 中的毛巾布花蕊四周，围成一圈。

将素玉花蕊对半剪开。在步骤 9 中晾干的小花朵中间穿孔，穿入染好色的素玉花蕊。

取 3 枝花朵组合在一起，用薄绢茎布缠绕固定。

取步骤 16 中做好的 2 片叶子重叠，铁丝部分用薄绢茎布缠绕固定。

将做好的叶子、小花朵、主花朵固定在一起，下面用薄绢茎布缠绕固定，把多余的铁丝剪掉。

用钳子把铁丝绕两个圈。

固定耳环配件，完成。

果 实 胸 针

Fruit brooches

自然色系的胸针，搭配同色系的衣服，立刻就有了层次感。
在阳光下伸个懒腰，约上几个闺蜜一起喝杯下午茶吧。

制作步骤

材料

果实：薄绢 10cm×10cm

叶子：新缎固糊小叶子 2 片，大叶子 3 片

花托：丝绒 8cm×8cm

茎：薄绢茎布约 20cm

铁丝：28 号

金色染料少许

棉花少许

胸针 1 个

纸型见 p.95

用刀镘烫叶子正面　　用一筋镘烫花托反面

柠檬黄色加水调成浅黄色，作为渗透液涂在丝绒上。

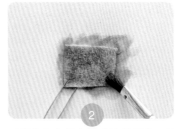

翠湖蓝色加绿色调成浅蓝绿色，涂在丝绒表面。

取渗透液把叶子浸湿。

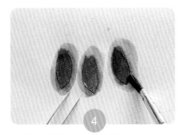

将绿色调深，涂满整片叶子。

取渗透液把薄绢涂抹浸透。

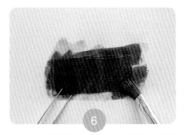

红色加紫红色调均匀，涂满整片薄绢。

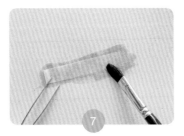

取渗透液把薄绢茎布浸透。

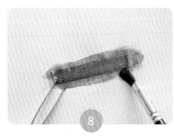

用蓝绿色在薄绢茎布上再染一层。

叶子、花托、果实分别按照纸型裁剪备用。

取 28 号铁丝卷一点棉花，用裁好的果实布料涂胶包紧。

取 28 号铁丝剪成均匀的 4 段，粘贴在叶子反面。

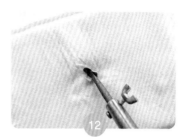

将步骤 9 中剪好的花托放在软海绵上，用一筋镙烫花托的反面。

花托中间穿孔，涂胶后贴在步骤 10 中完成的果实下面。

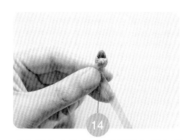

将步骤 8 中晾干的薄绢茎布横向剪成 2 条，缠在果实下面的铁丝上。

将步骤 11 中做好的叶子放在硬海绵上，用刀镙烫叶子的正面。

取金色染料用勾线笔画在叶子表面作为装饰。

在果实的顶端也涂一点金色染料。

多根果实并在一起，用薄绢茎布缠绕固定。

一边组合一边放入做好的叶子，底部留约 3cm 长的茎。

把胸针固定在果实下面，完成。

三色堇 小婚纱

少女时期,总是幻想着各种各样的裙子穿在身上的样子。

这次请好朋友设计了衣服,

我制作了各种颜色的花朵缝在上面。

以紫色为主的三色堇,点缀着黄玫瑰,

温柔中带着可爱。

婚纱制作：若澜色高级定制工作室

制作步骤

材料

花瓣 A、B、C：新缎中糊各 2 片

铁丝：32 号（白色）

纸型见 p.93

用小瓣镘正、反面交替烫

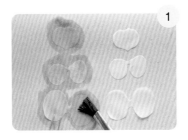

柠檬黄色加水调成浅黄色，作为渗透液涂在花瓣上。

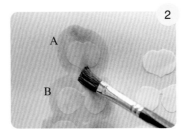

用深黄色的染料涂在 A、B 花瓣中心。

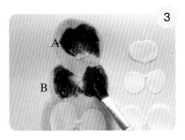

在 1 组花瓣的边缘涂上紫红色，从边缘开始向中心涂。

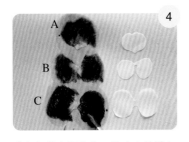

蓝色加紫色调均匀，涂在 C 花瓣上。

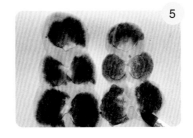

两组花瓣染出深浅变化。

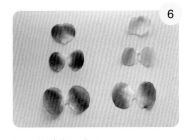

两组花瓣染好晾干。

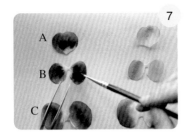

A 花瓣和 B 花瓣中心画上咖啡色的线，将 32 号白色铁丝染成和花瓣一样的颜色。

将 A 花瓣放在软海绵上，用小瓣镘烫花瓣的边缘，正面和反面交替烫。

将 B 花瓣放在软海绵上，用同样的方法正面和反面交替烫。

10

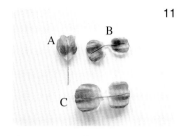
11

12

C 花瓣操作同 B 花瓣。

在 A、B、C 花瓣反面贴上铁丝。

在 A、B 花瓣的底部涂胶水,如图所示组合在一起。

13

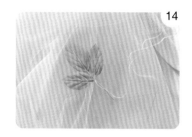
14

15

在 C 花瓣中心涂上胶水,对折后固定在 A、B 花瓣后面。

参照 p.11、12 黄玫瑰制作步骤,制作 1 组叶子和 1 朵玫瑰,先把叶子缝在裙子上。

再把黄玫瑰缝在叶子上,四周固定上三色堇花朵。

16

将花朵、叶子、三色堇一组一组分别缝在裙子上,按颜色深浅错落分布。

蛇瓜花

1

2

3

4

9

10

11

12

13

14

15

16

17

18

19

20

21

22

23

24

25

附：纸型

（书中部分作品的原大纸型）

※ 纸型上的箭头代表熨烫方向。

p.23 红三叶纸型

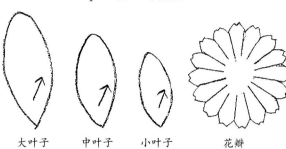

大叶子　　　中叶子　　　小叶子　　　花瓣

p.30 葱兰花纸型

花瓣　　　　　　　花托

p.27 石竹花纸型

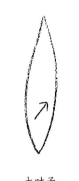

花瓣　　　　花托　　　小叶子　　　大叶子

p.66 茶花纸型

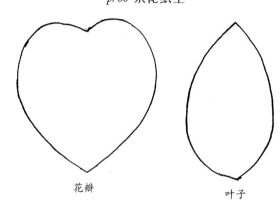

花瓣　　　　　　　　　叶子

p.78 三色堇纸型

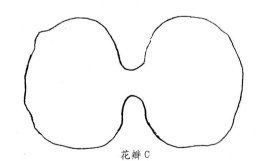

花瓣 C

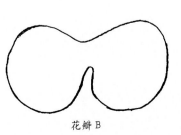

花瓣 A

花瓣 B

p.63 迷你小玫瑰纸型

花朵　　　白色配花叶子　　白色配花　　　叶子

p.35 洋甘菊纸型

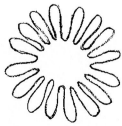

花托　　　　花蕊　　　　　花瓣

93

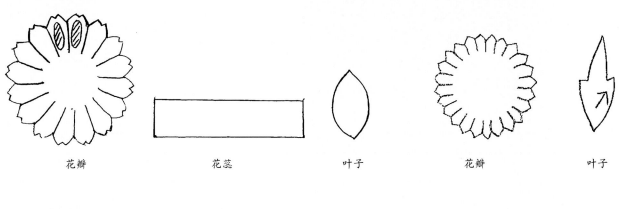

p.70 花朵纸型　　　　　　　　　　　　　　　　　　*p.58* 小野菊纸型

花瓣　　　　　　　　花蕊　　　　　　　　叶子　　　　　　　　花瓣　　　　　　　　叶子

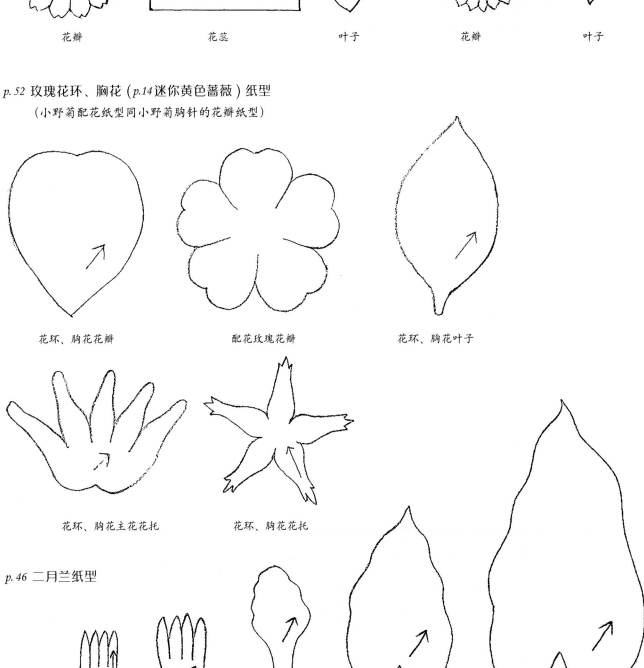

p.52 玫瑰花环、胸花（*p.14*迷你黄色蔷薇）纸型

（小野菊配花纸型同小野菊胸针的花瓣纸型）

花环、胸花花瓣　　　　　　配花玫瑰花瓣　　　　　　花环、胸花叶子

花环、胸花主花花托　　　　花环、胸花花托

p.46 二月兰纸型

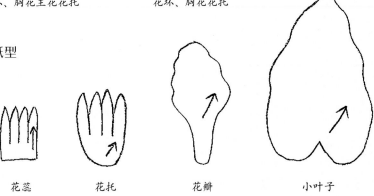

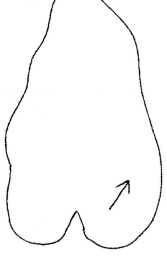

花蕊　　　　　花托　　　　　花瓣　　　　　小叶子　　　　　大叶子

94

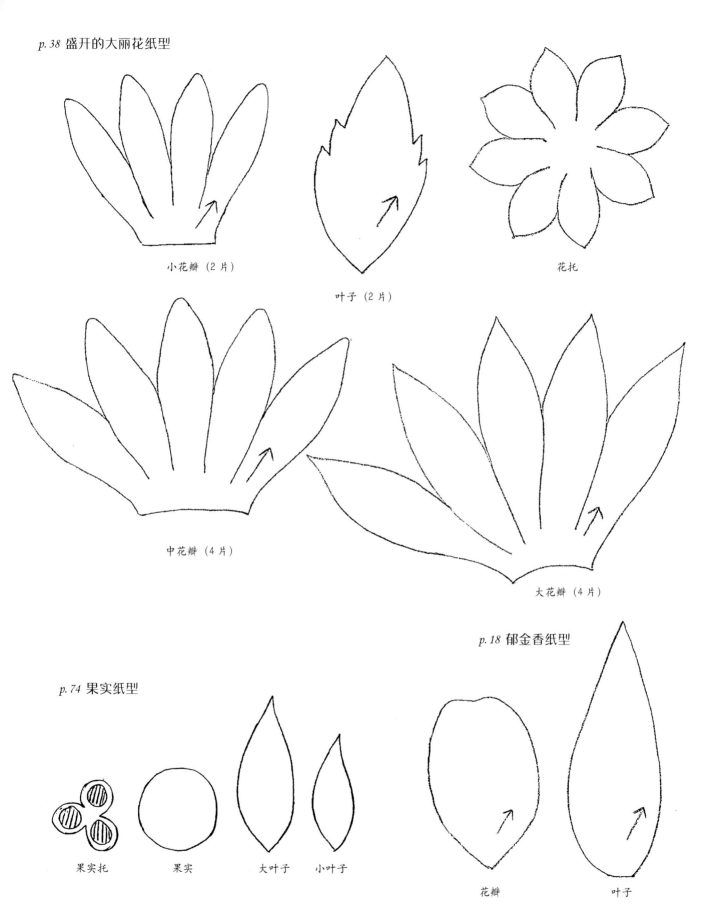

p.38 盛开的大丽花纸型

小花瓣（2片）

叶子（2片）

花托

中花瓣（4片）

大花瓣（4片）

p.18 郁金香纸型

p.74 果实纸型

果实托　　　果实　　　大叶子　　小叶子

花瓣　　　　　叶子

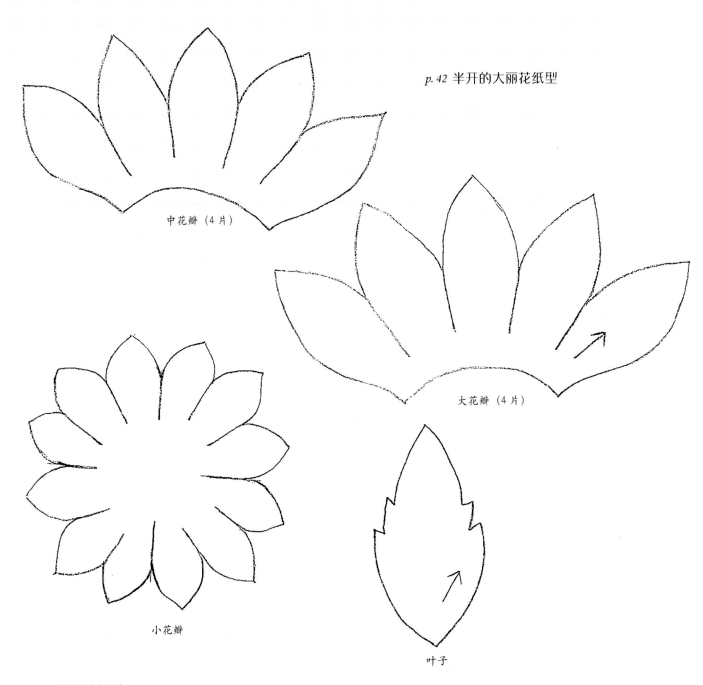

中花瓣（4片）

大花瓣（4片）

小花瓣

叶子

p. 10 黄玫瑰纸型

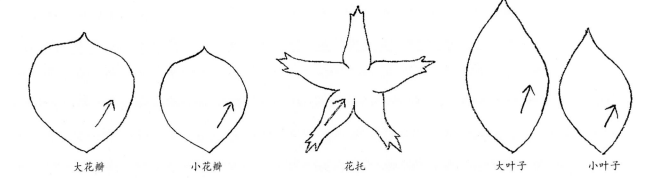

大花瓣　　　　　小花瓣　　　　　花托　　　　　大叶子　　　　小叶子